「なぜか好かれる人」になる36のルール

# 形象战略三十六计

[日] 高野优梨 / 著　江桂英 / 译

非诚勿扰III



東方出版社

图书在版编目（CIP）数据

非诚勿扰 3：形象战略三十六计／（日）高野优梨 著；江桂英 译. —北京：东方出版社，2012
ISBN 978-7-5060-4435-6

Ⅰ. ①形… Ⅱ. ①高… ②江… Ⅲ. ①个人—形象—设计—通俗读物 Ⅳ. ①B834. 3-49

中国版本图书馆 CIP 数据核字（2012）第 011611 号



非诚勿扰Ⅲ：形象战略三十六计
（FEICHENG WURAO SAN：XINGXIANG ZHANLÜE SANSHILIU JI）

作　　者：［日］高野优梨
译　　者：江桂英
责任编辑：姬　利　杜晓花
出　　版：东方出版社
发　　行：人民东方出版传媒有限公司
地　　址：北京市东城区朝阳门内大街 166 号
邮政编码：100706
印　　刷：北京中新伟业印刷有限公司
版　　次：2012 年 4 月第 1 版
印　　次：2012 年 4 月第 1 次印刷
开　　本：880 毫米 × 1230 毫米　1/32
印　　张：4. 125
字　　数：59 千字
书　　号：ISBN 978-7-5060-4435-6
定　　价：23. 00 元
发行电话：（010）65210059　65210060　65210062　65210063

# 目 录


前 言 001

第 1 章 通过形象战略提升"好感度" 001

003 法则 1 "受欢迎的人"的"外观"与众不同

008 法则 2 使自己的外观满足对方的需求

015 法则 3 外观是传达魅力、实现梦想的工具

020 法则 4 外观改变 20%，好感度提升 80%

小 结 022

第 2 章 确立理想型的自己 023

025 法则 5 揣摩"不谄媚的受欢迎"形象战略

027 法则 6 改变外观前先明确自己的理想形象

029 法则7 “目标”不同，打扮各异
032 法则8 自信地说出“我想变成这样的人”
036 法则9 突然的形象改变令自己更具魅力

小 结 038

第3章 使“自我魅力”和“对方需求”产生乘数效应 039

041 法则10 发掘自己新的魅力比改变自己更胜一筹
044 法则11 达到目标外观的关键是探寻需求
048 法则12 通过“置换立场”来了解需求
050 法则13 展现自己不为人所了解的魅力
054 法则14 用形容词来思考“理想中的自己”
057 法则15 要巧妙地利用自己的缺点
059 法则16 轻松自如地贴近需求

小 结 061

第4章 让别人对你有好感的魅力磨炼法 063

065 法则17 注意选择比对方的喜好稍正式的服装

069 法则18 积极地提出外观方面的问题
072 法则19 用“两个备选答案的封闭式问题形式”来思考
075 法则20 将店员当作您的形象顾问
078 法则21 用小装饰来展现自身魅力
小 结 080
第5章 “瞬间抓住对方的心”的沟通诀窍 081
083 法则22 首先理解对方的情绪和意见
085 法则23 在对话中要耐心聆听对方的表达
087 法则24 判断性语言及立即否定对方，都是沟通的大忌
089 法则25 通过表情也可以贴近对方的心
092 法则26 “笑容”和“笑声”是不同的
094 法则27 注意说话的音调
095 法则28 感受对方的紧张度
小 结 097

第 6 章 打造给人好印象的“外观”的思维方式 099
101 法则 29 将目光放在自己的进步上
103 法则 30 要“善于被人赞美”
105 法则 31 将失败和挫折当成信息源
108 法则 32 做“形象笔记”
109 法则 33 每月前进一小步的“小改革”
111 法则 34 与其默默观察，不如开口去问
113 法则 35 以稍高的姿态来看待自己的内心
115 法则 36 制作“鼓励卡”
小 结 117

# 前言 “受欢迎的人”要注重“外观”的力量！

初次见面，大家好。

我是形象顾问高野优梨。

您的周围有没有很受欢迎的人呢？

“觉得那个人给人的感觉很好。”

“很想和那个人一起共事。”

“挺喜欢那个人的。”

那么，为什么这个人会被大家喜欢呢？

“很会关心人。”

“非常善于和人沟通。”

“为人开朗率性。”

应该会有各种各样的答案吧。

的确，这些原因是很重要的。

我认为，磨炼自己的内在品质，掌握知识和技能，是非常重要的。

但是，在此我想强调一下“外观”的重要性。

假设我们面前现在有一家意大利餐厅。

如果这家餐厅的外观不是很干净，并且有些昏暗，您是什么感觉？

恐怕即使这家店有三星级餐厅的主厨，多数人还是会因为外观的原因而离去吧。

又假设即使对外观有所不满，心存不安，但还是进店点了一份意大利面。

但这份意大利面被胡乱地盛在破损的碟子中端了上来，您会作何感想？

我想即使食物再美味，厨师的技艺再高超，食物的盛放方式也还是会最终左右您对味道的评价的。

在书店选书也是同样的道理。

在众多图书当中，如果不是让您一眼看上去就觉得“感觉很棒啊”、“好像很有意思”，那么即便里面的内容再好，相信也不会被您拿起。

而无论这本书的作者为其花费了多少时间、精力和努力，都无济于事。

因此，首先必须在外观上具有让人忍不住想拿起来的“魅力”。

我们人类也是一样，不是吗？

“外观”，也就是装扮、发型、行为举止等等“第一印象”，会影响到您的工作和魅力。

但也并非只要“外观好就可以了”。

我想说的是，如果塑造好自己的“外观”，会使您的魅力和实力更快更准确且更有效地传递给对方。

尤其是在当今讲求效率、竞争激烈的时代，快速顺畅地使自己被人了解是非常重要的。

能否做到这一点，会影响到您的外界评价、工作开展，甚至会大大改变您的人生。

在当今时代，无论于公于私，“外观”都将成为“受欢迎的人”的秘诀。

我本人作为形象打造的专业人士，一直在日本和纽约工作，亲眼见到了很多因为“外观”受到欢迎、被人认可的成功人士的例子。

“外观”的力量，在人际关系和工作方面具有极其重大的影响力。

但是，可能会有很多人对“形象顾问是做什么的”抱有疑问吧。

在我为大家说明“形象顾问”这一职业之前，不得不提一下1960年美国著名的肯尼迪对尼克松的总统竞选中的一段逸事。

当时，与肯尼迪相比，尼克松无论是在经验还是知名度上都遥遥领先。大家一致认为尼克松就是最终的胜利者，在支持率调查中尼克松也一直处于领先地位。

在这样的状况下，肯尼迪改善了自己的“外观”，最终打了一个漂亮的翻身仗。

那一年，正值美国历史上第一次采取总统候选人电视辩论方式，而在那之前，都是采用“广播辩论”的方式。

与身着深色西装、给人强有力且坚定印象的肯尼迪相比，尼克松所穿的浅色西装则给人无法依赖的感觉。

因上镜而简单化妆的肯尼迪神采奕奕，但没有化妆的尼克松，因选举活动操劳疲态尽露，看上去比实际年龄要更加苍老。

每次发言时，肯尼迪都会意识到摄像机的镜头，注重吸引国民的注意力。而与以往广播辩论时一样发言时只盯着对抗者的尼克松，却完全没有注意到通过摄像机镜头与国民进行目光交流。

因此，守在电视机前的国民通过二者的对比，产生了这样的印象：能够为我们开创美国全新未来的不是尼克松，而是肯尼迪。

由此可见，尼克松失败的原因绝不是辩论的内容逊色于肯尼迪。

或许，肯尼迪阵营中的成员，如果是通过广播而不是电视收看这场辩论，会说出“我原本认为肯尼迪会输”这样的话。

自此以后，在电视辩论中注重化妆和衣着开始被定格。

而当时给予肯尼迪注重“外观”力量建议的人，也被认为是形象顾问的先驱。

形象顾问也开始具有在总统竞选时被视若珍宝的地位。

而且，在当今的美国社会，形象顾问也是一种在战略性地提升形象、确立个人品牌方面颇受重视的职业。

形象顾问，简单来说就是“为了最大限度地表现自身魅力，应该选择怎样的服装、装饰物和发型，如何注重语言和举止等等，给予您整体形象建议的职业”。

形象顾问不是“仅仅使外观漂亮”，而是结合此人的个性、生活和思想，打造让人颇具好感的形象战略的工作。

根据场合、见面对象、工作内容、自身所处立场的不同，选择合适的服装，注意言行举止，战略性地塑造自己的形象，是很重要的。

如今，国外的顶级商务人士都对这种“自我品牌”具有极高的形象意识！

所以，为了成为理想形象的自我，需要切实地做好“形象管理”。

如果能做到这一点，就可以更早一步地被人认可、在工作中出类拔萃、提升业绩、扩展事业领域，从而最终实现自己的梦想。

我自身也拥有众多商务男士、女士这样的顾客，亲眼见证了很多人借助“外观”的力量成就了梦想、取得了成功。

在本书中，我会将工作过程中积累的技能、诀窍和精髓尽可能多地介绍给大家。

那么，就让我们马上开始谈一谈借助外观力量来赢得受欢迎、被人认可，从而获得成功、改善人生的秘密吧！

高野优梨

2010 年 4 月

# 第 1 章

## 通过形象战略提升“好感度”

## “外观”的力量可最大限度地展现自身魅力

成为“受欢迎的人”，秘密就在于外观。

这一点是我在从事形象顾问的工作过程中，越来越强烈的感受。

如果给人的第一印象很好，那么接下来就会更容易地让对方准确了解自己。

此外，不用花费很多时间，就能彼此了解对方。

举个例子，一个身着褶皱衣服、举止毫无规矩的人即使用一百句话来说明情况，倒不如一个衣着端正、举止得体的人说一句“请相信我”更容易获得对方的信任。

假设好不容易得到一份工作，自己本身性格又很不错，但如果需要让对方花很多时间了解自己，或者根本无法让对方了解，我认为那是一件很可惜的事情。

我并不是想说“只要外观得体就一切OK”，而是希望您能借助“外观”的力量最大限度地展现自己的魅力。

我所期望您具备的，不是自己满意就好的“外观”，也不是与生俱来的“外观”，而是能够表现自身思想和生活态度、进一步将内在品质表现出来的“外观”力量。

在第一章中，我想谈一谈为了具备这种在人际关系中光彩耀眼的“形象”，您不可不知的一些知识。

## 法则1　“受欢迎的人”的“外观”与众不同

### 凶神恶煞般的男性和温文尔雅的男性，您会向谁问路呢?

在这个世界上，既有受欢迎的人，也有不受欢迎的人。

在阅读本书的读者中，身边一定会有这样的人：

“和这个人在一起觉得心情很好。”

“想经常见到这个人。”

“想和这个人一起工作。”

那么，“这个人”身上究竟有什么秘诀呢？

他和别人的不同之处到底在哪呢？

我认为是“外观”。

正如在前言中我说过的，外观印象对人际关系、日常生活以及工作都具有重大的影响。

认为“我不以外表来判断一个人”的读者，不妨稍微想象一下。

假设您迷路了。

此时，对面分别走过来一位穿着高雅、笑容和善的男性和一个衣衫不整、眉头紧锁、长相凶恶的男性。

您会向谁问路呢？

想必最终您还是会向“看上去会亲切地为我指路”的人求助吧。

当然，也可能当您真的问路后，发现这位面善的男性其实非常冷漠。而相反，那位凶神恶煞般的男性却非常热情。

但是，这些都是当您真正开口后才知道的情况。

无论是谁，都会通过第一印象来判断别人。

尽管可能在交谈的过程中，印象会发生改变。

但即便如此，了解一个人的入口还是在于“第一印象”。

如果能够给人良好的第一印象，那么您在人际关系方面将会一马平川。

您会更容易获得别人的好感与信赖。

同时，能够通过自己想做的工作，充分发挥自己的实力，在职场中光芒四射。

实现愿望的速度也会加快。

因此，改善了“第一印象”，您的人生就将迎来重大的转变。

## 改善形象，更易于相互了解

曾经有一位在事业上取得辉煌业绩的 20 多岁的“千万女”（年收入在一千万日元以上、经济和思想都很独立的女性）来我这里咨询形象方面的问题，她说：

“周围很多人都不愿接近我，我曾经向一位我很信赖的朋友询问过原因，她告诉我不妨试着改变一下外在形象。”

说话时，我发现她的穿着是很强势的职业女性风格。

细条纹的衬衫搭配着如战斗服一般的裤装套装。

她给人的感觉是“与男性并肩作战，不变成男人那样不行”、“不想因为是女性而被人小看”，气场非常强势。

在交谈的过程中，我发现她是持有这种想法的女性：希望和周围的男性合作，取得事业上的成功，不受性别歧视，得到别人的认可。

她想的并不是“希望凌驾于男性之上的工作”或者“男人都是对手，我绝不能输”。

因此，我给了她这样的建议。

“不妨将形象改变得稍微女性一些。质地考究的套装是可取的，但是可以选择一些男性套装中没有的明亮色系。试着舍弃裤装的套装，换成裙装的套装也不错。”

这位女性回去后立刻就改变了自己的形象，后来听说那些之前不愿接近她的男性员工渐渐与她融洽起来，并产生了“一起努力”的态度。

对于如此大的变化，连她本人都大吃一惊。

为什么他们的态度会彻底转变呢？

这是因为之前这位女性“战斗性的裤装套装”形象给男性员工以“不愿输给男人”的敌对心和威压感。

如果就此发展下去，会令他人觉得“这个人很麻烦”，甚至产生厌恶的感觉。

即便一个人再有能力，如果给他人的感觉是有敌对心和威压感，那么是很难让别人积极听取他的意见的。

因此，这位女性通过形象的改变，消除了威压感，在同事中树立了良好的形象，最终成功地被大家理解和接受了。

也就是说，在个人形象方面，她曾经犯了一个战略性的错误。

她希望被人不受性别歧视地认可而穿上了裤装套装，但是对男性员工来说，裤装套装会给人一种敌对心和威压感，因此她遭到了疏远。

另一方面，原本她想给人“共同奋斗”而非“强势压人”的感觉，但是她的裤装套装却没有很好地传达这一点。

像这样，如果“想被人了解的自己”和“自己的形象”之间差距很大，就会使别人在了解自己时花费很多时间。

若是花费了时间最终得到别人的了解还好，但实际中往往是没有获取别人的了解，反而使得关系愈加恶化。

因此要正确地掌握“自己想表达的形象”和“自己给他人的印象”，并通过“自己的外观”表现出来。

所以，在提升自我内在的同时，也要注重使他人更为快速准确地了解自己的形象塑造技巧。

这就是“受欢迎的捷径”。

## 法则2　使自己的外观满足对方的需求

### “受欢迎”就是“满足对方需求”

那么，要想具备受欢迎的外观需要怎么做呢？

无论是谁，都希望被人理解和接受。

如果你能满足对方“想被人理解和接受的心情”，

那会怎样呢？

对方一定会对你有好感。

这不就是对方对你有好印象了吗？

也就是说，所谓“受欢迎的外观”就是通过自己的外观来满足对方“想被人理解和接受”的需求。

你通过“自己的外观”为对方提供了满足感。

● 所谓“受欢迎的外观”

人都具有
“想被认可”和
“想被接受”的需求

如果你能满足这一需求

↓

别人会对你有好印象

也就是说，所谓“受欢迎的外观”，就是让对方通过外观认可你、接受你。

其根本就在于回应对方期待的“服务精神”。

“让对方想再次遇见自己的外观是什么样？”

“让对方想和自己一起工作的外观是什么样？”

“让对方感觉和自己相处很舒服的外观是什么样?”

像这样思考着对方的需求，并据此塑造自己的外观，必定会获得别人的认可和接受。

想具备“受欢迎的外观”，首先要满足对方的需求。

这是在塑造“受欢迎的外观”时不可缺少的思维方式。

## 从“活力门 VS 乐天”的锁定目标的差异中学到的

因为“受欢迎的外观”中存在着“对方需求”这一因素，因此必须锁定成为自己目标的“对方”。

也就是说，要想塑造受欢迎的外观，锁定目标很重要。

如果“想在工作中被人认可”，那么目标就是“上司”。

如果“想要改善职场上的人际关系”，那么目标就是“同事”。

如果“想要提高业绩”，那么目标就是“客户”。

像这样锁定自己的目标。

“锁定目标很重要”的极端案例就是几年前发生的围绕收购专业棒球球队的乐天的三木谷浩史和活力门的堀江贵文之争。

堀江先生经常身着休闲T恤等亲民装束，频繁露面于各大媒体，被大家亲切地称为“Horiemon”，获得一般民众的支持。

另一方面，三木谷先生剃去了给人傲慢之感的胡须，以西装的形象出现在媒体上，给人严格刻板的印象。

至于在知名度方面，绝对是堀江先生更加为人所知。

但是在商场的运筹帷幄方面，还是三木谷先生更胜一筹。

关于这场争端的胜负可以列举出很多原因，但是我所注意的，是二人在形象战略上的目标定位的不同做法。

休闲穿着、注重提升知名度的堀江先生的目标被定位为10～20岁的年轻人。

由此他得到了众多年轻人的支持。

而三木谷先生的目标则是参与收购球队决策的相

关人士。

决定球队收购的是审查委员会。而对审查委员会的决策有重要影响的是其他的球队老板们。重要的是要取得这些人的赞同。

因此，他将自己的形象定位为“剃光胡须，穿上西装”。

由于达成收购球队目的的关键，在于向谁做宣传。

而在此方面下足工夫的三木谷先生所采用的形象战略一举中的。

最终，新球队以“东北乐天金鹰”的名称出发了。

## 锁定目标是为了便于改变外观形象

“要是锁定了目标，会不会令其他的人讨厌自己呢。”

这样的担心是没有必要的。

虽说是锁定了目标，但是也并非只对这个人刻意谄媚，对目标之外的人完全无视。

而只是“根据锁定的目标，改变自己的外观形象”。

如果你做到这些，你会发现不仅“目标群体”认

●设定“目标”

受欢迎=满足对方的需求

↓

选择“对方”决定目标

●如果“想在工作中被人认可”，那么目标就是“上司”。
●如果“想要改善职场上的人际关系”，那么目标就是“同事”。
●如果“想要提高业绩”，那么目标就是“客户”。

在形象战略中，
决定目标很重要

为你是可信赖的人，其他的人也会对你抱有同样的印象。

首先，被“目标群体”认可的话，你自身的心情会发生改变。

比如同事们会说：

“最近你好像变得会打扮了。”

“和你相处的氛围很轻松，很容易进行沟通。”

这样，你的自信就会提升，表情和整个人的感觉都不同往常。

另外，人还有这样一种特点，即使对方不是自己喜欢的类型，但如果别人认为“很好”，也会转变眼光，重新审视对方，认为“是蛮不错的”。

“那个人虽然不是我喜欢的类型，但是总觉得很不错啊。”

也就是说，根据“目标”来调整自己，连“目标”之外的人也会感到你很有魅力。

## “不被讨厌”不等于“受欢迎”

“受欢迎的外观？只要打扮得不算差，就应该不会被人讨厌吧。”

可能有人会有这样的想法。

但实际上，“受欢迎的外观”和“不被人讨厌的外观”之间差距是很大的。

如果以“不被人讨厌的外观”为目标，结果会怎样呢？

“为了不被女同事讨厌，穿上朴素的套装总不会出错吧。但是，如果打扮得过于刻板，男同事可能会觉得自己很难接近。如果穿得太俗气，又会被一起去拜访客户的前辈嫌弃……”

您可能就会这样一直犹豫不决吧。

并且，在一番苦恼之后，最终还是选择了难以给人留下印象的平平无奇的服装。

想着“不被人讨厌”的人，虽然可能不会被人讨厌，但是也很难被他人喜欢。

而最终成为一个“还说得过去的人”、“平凡的人”。

抱着“至少不被人讨厌”和“很想被他人喜欢”的不同想法的两种人，所选择的服装和首饰、外观形象和给人的感觉会完全不同。

当然，虽说要“受欢迎”，但也不是对谁都要讨他的喜欢，如果那样就麻烦了。最终只会落得和“不被人讨厌”同样的下场。

## 法则3　外观是传达魅力、实现梦想的工具

### 改善外观能获得的六大益处

改善外观、提升形象会给您的人际关系和工作带

来各种各样的影响。

在此我谈一下通过改善外观能够获取的六大益处。

### 1. 向对方表达敬意的信息

首先，外观是“我很重视您”的信号。

可以说是一种使人际关系更为圆滑的礼仪暗语。

如果在重要的会面中衣着休闲随意，如约会时发型凌乱、衣衫不得体，甚至还身着家居服，会令对方在无意识中认为“这个人是不是瞧不起我”、“对我可真随便啊”。

尤其是在商务场合，端正自己的着装会更好地表达出“对对方的敬意”，这一点请千万不要忘记。

### 2. 传达自己的心情和信息

在表达了礼仪之后，接下来，外观将会在“在什么单位工作”、“和什么样的人在一起共事”以及“抱有什么样的价值观”等个人信息和性格的传达方面发挥作用。

经营者如果穿着休闲，会给人“拘泥于传统定式”的印象。如果很想得到银行家的信任，那么白蓝相间的衬衫绝对是您不二的选择，因为它会给人以安心的感觉。

根据场合的氛围、自身的立场和作用，改变自己的外观，会与您想传达给对方的信息密切相关。

### 3. 和周围的人产生良好互动

不错的外观形象，会使更多的人和自己产生良好互动。这样一来，不仅心情会更好，还会提升自己的外观形象，形成良性循环。

比如我曾向一位顾客建议改变衬衫的色彩，尝试一些明亮的颜色。这样一来，给人完全不同感觉的同时，也完全改变了周围人的反应。

“和之前不一样了嘛。”

“最近笑容变多了嘛。”

外界的反应发生了变化，也促使了这位顾客从此在形象方面更加用心。

由于自己改变了，对方的反应也会变化。

看到这一变化，紧接着，自己还会进一步地改善自我，不断提高。

### 4. 让对方更快更顺利地了解自己

初次见面中，如果给人一种“不可信赖”的印象，那么首先就要从建立信赖关系开始做起。

因此一旦通过外观能给人“可信赖”的印象，就能大大缩短为了构筑信赖关系而花费的大量时间。

也就是说，如果通过外观印象传递信赖感，能够将您和对方的宝贵时间用于其他更有意义的事情上去。

### 5. 调节情绪

在您心情低落的时候，如果穿上明亮色彩的衣服，您会感到心情倏然开朗。

在“决定胜负”的陈述大会上，您是不是会打上那条最喜欢的领带?

像这样，通过改变妆容、发型和服装，您的心情会调节到很好。

而您也会领略到这种“由外而内”改变心情的惊奇效果。

### 6. 实现梦想

我认为，商务活动中的时尚衣着和妆容，都是为了促成洽淡业务目的之实现。

下面，请让我们先看一位顾客有关形象咨询的故事。

该名顾客一直希望能参加公司和国外要人举行的会议，也一直在磨炼自己的英语和工作能力，并且常常向上司提出“请一定让我参加会议”的请求。

但一直没有得到这样的机会。

我询问了她平时的穿着。她告诉我，为了配合目前的助手身份，平时上班都是穿着针织衣物等一类的休闲服装。

这便是问题的症结所在，因为上司可能会想：“虽然表现不错，但是衣着过于随意，不穿上外套之类的正装，是不宜参加这种国外要人参加的会议的。”

在这种情况下，这名女性平时就应该有意识地穿上一些正式外套，向上司传达“我很适合参加重要会议”的信息。

如此一来，上司的态度就可能发生改变：“这次你也一起来参加会议吧。”

像这样，外观印象就能成为达成目的、实现愿望的一条纽带。

每个人都应该改善外观，提升形象。进一步的，将自己视作一个品牌，制定形象战略，这样以上的六大益处，你就能轻松获取。

## 法则 4　外观改变 20%，好感度提升 80%

### 只要"换条领带"、"换件衬衫"就可以

"成为受欢迎的人，重要的是外观形象。那不妨现在就开始改变！"

想法虽好，但突然这个也变、那个也变，觉得有些不安。

"改变外观是很好，但是又要换发型，又要买衣服，预算有点大……"

应该有人这么想吧？

但是，没关系的。

您只要记住"外观的二八法则"就行了。

就是针对全身形象，先试着改变 20% 的部分。

如果是男性，可以改变一下围巾、衬衫和领带。

大致占全身 20% 的部分就好。

这样，您会惊异地发现给人的印象一下子就有了 80% 的改变。

像这种方法，我称之为"外观的二八法则"。

如一位男性曾经穿着白色衬衫、戴着素色领带，

但是通过转变为“彩色衬衫和暖色系领带”，仅此20%的改变，给人的印象一下子就变了。在他所工作的百货店卖场，他被越来越多的顾客咨询，而他自身也开始积极地向顾客宣传卖场情况。

不用说，他的销售业绩也上升了。

另外，一位从事人事方面工作的女性，衣橱里曾经全部是刻板的套装，但是她之后开始试着在套装内穿一些质地柔和的衬衫，听说参加招聘活动时，很多学生都愿意和她交流。

要知道，衬衫针对套装的面积比例，就是20%左右。

所以，您仅仅需要做这些，就能改变给人的印象，从而对方对你的反应也会改变。

“只是改变20%，就有这么好的效果，我要继续努力!”

最终，乘数效应的放大效果会进一步促进您形象的改变。

不过，您也不要认为一下子就能达到最完美的形象，所以请先试着改变20%。

这是成为“受欢迎的外观”的开始。

现在，您是不是也认为，只要改变 20% 的外观，就能改变 80% 给人的印象了呢。

只是很小的一个改变，就能使您迅速变身为“受欢迎的人”。

## 小结

- 改善了外观形象，会使人际关系和工作都变得更顺畅
- 通过外观，传达“我已经理解了您”这一信息
- 切实树立想受到欢迎的“目标”
- 要意识到“受欢迎”和“不被人讨厌”之间的差异
- 外观是使自己接近成功和梦想的工具

# 第 2 章

# 确立理想型的自己

## 认真在脑中描绘“我想成为什么样的人”

在形象咨询讲座和讨论活动中，我一定会说这样一句话。

“首先，请大家明确确立‘我想成为什么样的人’这一理想。”

进行形象咨询，目的就是将您自身品牌化，然后推销出去。

如果您想推销某一商品，而这种商品的品牌形象不明确，那您就不知道该“向谁”、“怎样”进行推销。

所以，如果不认真确立品牌形象，就无法制定销售战略。

其实在改变外观的时候，也是同样的道理。

从一开始，您就要好好地描绘一下理想型的自己。

如，

“给人的感觉知性、高贵，同时具有亲和力。”

“浑身充满活力，和人相处给人开朗快乐的感觉。男性女性都会喜欢的那种。”

或者，

“像高仓健那样具有男子气概、可依赖的感觉。”

进行“形象管理”，重要的一点就是确立并把握好“理想型”。

所以，请清楚地知道“自己想成为什么样的人”。

这是一切行动的开始。

## 法则 5　揣摩“不谄媚的受欢迎”形象战略

### “受欢迎”的根源在于服务精神

“以‘受欢迎的外观’为目标吧!”

这么说，可能有人会认为，太过迎合别人了，失去了真正的自我，没有了个性。

的确，如果为了“受欢迎”，一味地去迎合对方，会变得“谄媚”和“失去自我”。

但是，本书想表达的变成“受欢迎的外观”和“谄媚”完全不同。

根源在于它拥有回应对方所期待的“服务精神”。

无论什么时候，人都希望被理解、接受。

但是“想被对方理解的心”要通过“自己的外观”来满足。

也就是说，你要通过“自己的外观”来为对方提供“满足感”。

一旦对方得到满足感，他会怎么做呢？

肯定觉得你“很不错”。

所以，应该抱有这样的想法，不是“为了让对方喜欢自己，而使劲努力”，而是“通过外观，让对方很快得到满足感，最终得到认可”。

## 无理想的“想受欢迎”只能沦为“谄媚”

既然“谄媚”和“发挥服务精神”不同，那么不同之处究竟是什么呢？

那就是：有没有“自己的理想形象”。

因为上司喜欢这样，所以去迎合上司；因为被前辈这么说过，所以又去迎合前辈。

像这样没有自己的意见，只是一味迎合不同场合的身边的人，就是“谄媚”。

而抱有“我想做这样的工作”、“我想成为这样的人”的理想，并为此“穿符合上司心意的服装”、“转变为能给前辈好印象的外观”，这才是“服务精神”。

总之，重要的就是理想！

想要具有“受欢迎的外观”，“自我理想”必不可少。

## 法则6　改变外观前先明确自己的理想形象

### 为拉近与顾客的距离而改变外观

我曾经和一位经营咨询师有过这样的交谈。

“去拜访客户的时候，很难说出一些拉近关系的客套话。我想和客户更为坦诚地沟通和交换信息。”

以大型企业为客户方的这位咨询师，外表看上去，给人一种威严且强势的感觉。

他深蓝色的西装搭配着大红色领带和白色衬衫。

对比鲜明的搭配非常符合他的气质。

但是，这种形象却给人过于一本正经、难以轻松对话的感觉。

为了增加他的亲和力，我给出了这样的建议：

“比起白衬衫，不妨尝试一下柔和色系的衬衫。”

在进行种种搭配之后发现，比起白衬衫，他更适合浅色系彩色衬衫，这样脸色看上去更好。

结果这位咨询师原先严肃刻板的表情，变成了开朗的微笑，整体感觉柔和多了。

几天后，他开心地对我说：

“太让人吃惊了！那些经常离我远远的顾客，现在都主动和我说起话来。前几天在我的演讲会上，以往会场都很安静的答疑环节，这一次听众争相举手提问。变化太大了！”

其实，之前之所以没有人愿意向他提问，会场一片安静，是因为他的外表看上去过于威严，太过强势。

这样，与会者就会认为，如果提了一些肤浅的问题，这个人一定会发火的。

而这次，他充满亲和力的形象，令与会者没有了压力，提问的人自然就多了。

在这种情况下，经营咨询师的“理想型”就是，看上去很有能力，同时身上充满能和客户坦诚交谈的亲和力。

如果没有这样的理想型，只是“想被很多人喜欢”、“想创造一种容易沟通的氛围”，就会迷失自我。

所以，只有具有了理想型，才会发生外观上的变化。

## 法则 7　“目标”不同，打扮各异

### 目标要根据“自己的理想型”来选择

如果没有“自己的理想型”，就决定不了目标。没有目标，就无法寻找对方的需求。

只有确定了理想型，才能决定“目标是谁”。

比如，以女性的婚活为例来思考一下（“婚活”，是“婚姻活动”的缩略语，是指所有与结婚有关活动的总称，包括约会或相亲前的化妆、健身、上人际关系课等准备工作，以及参加相亲等各类社交活动等。这个词最早出现在日本著名社会学家山田昌弘撰写的《婚活时代》一书中，此书的目的是鼓励日本未婚青年主动出击，积极寻找结婚对象，不要坐等命运的安排。同时也创造出了“婚活”这一新的流行语。——译者注）。

“今天要和传媒业的人相亲，打扮得华丽一些吧。”

“今天要和医生相亲，穿得高雅些比较好。”

像这样，根据对方的情况，试着改变自己的形象吧。

一定会令对方看到你为他的需求所作出的努力。

但是，假设对方是一名喜欢华丽型的男性，而原本端庄型的女性为之突然变身，打扮成华丽型，试问二人结婚，这位女性能一辈子演绎好这种华丽女人的角色吗？

恐怕很难吧。即便一辈子成功演绎了这种角色，也称不上是一段幸福的婚姻。

也就是说，在这种情况下，在“配合对方的需求之前”，首先要考虑“自己的理想型”，而“自己愿意和什么样的人接触下去”。

那些在别人眼中“为什么这个人刚开始婚活，就如愿和自己理想中的人结婚”的人，一定是事先具体描绘了“自己想和什么样的人结婚”这一理想型。

我想和什么样的人结婚呢？

想和什么样的人结婚，过上什么样的生活呢？

明确了以上两点，你就不会把时间浪费在和目标之外的人的接触上，约会的精准度也会提高很多。

一旦明确了理想型，“多大年龄”、“什么工作”、“兴趣是什么”这些目标形象就会具体化，然后即可据此寻找对象。

而了解了符合自己理想型男性的需求之后，你就可以再结合需求去改变自己的形象。

以上，我们是以婚活为例进行了说明，总结起来，就是：

具有自己的理想型→决定目标→寻找目标需求→改变外观类型

根据这一流程去做，无论在公事还是私事方面，都会无往不利。

## 法则8　自信地说出“我想变成这样的人”

### 再三考虑自己的理想型

之前我们已经谈了很多有关“明确自己的理想型”的内容。但是还是有很多人羞于说出自己的理想形象。他们可能会有这样的说法：

“时尚的人，穿这件衣服不错。”

“气质高雅的人，比较适合这件衣服。”

“这件衣服很符合我的理想型。”

“这不是我喜欢的风格。”

要是说出上面这几句话，可能会使对方，尤其是男性有抵抗感。

当然，这其中也存在着国民性的差异。

美国人会明确地说出：“我想今后这样去做。”

但是不少日本人会觉得，在他人面前说“我想变成什么样”是一件很难为情的事情。

“还不是说这种话的时候。”

他们或许有类似这样的想法。

但是我认为，正是因为还没有做到，所以才要把目标树立起来。

也许还是有很多人会说："目标定得太高了，说出来多不好意思啊。"

比如我在工作中，会请顾客写下自己的优点和缺点。有的人会写下很多缺点，但是却写不出优点来。即使写了几个优点，我要让她自己来说，她就会说："我没写优点。"

日本人因为受到"谦逊文化"的影响，在正确评价自我价值和坦诚说出自我目标的时候，往往会有犹豫的倾向。

当我问"您想成为什么样的自己"时，很多人会回答："我不太清楚。"

实际上，当我耐心引导顾客说出自己想法的时候，对方也会说出"我想变成这样"、"成为那样是我的理想"。但是因为还没有顺口说出来的习惯，所以一开始的时候会犹豫。

这样的人其实是在无意识中抱有自己的理想型。且让我试着为他们解开一些束缚吧。

## "对他人的期待"也是"自己的理想型"

首先请回答下列问题。

1. 你想和什么样的同事一起工作？

2. 你想和什么样的部下一起工作？

3. 你想和什么样的上司一起工作？

4. 你想和什么样的客户一起工作？

5. 你希望拥有什么样的恋人？

由此，您就可以看到“理想中的自我形象”了。

可能有人会想：“这说的全都是别人的事啊。”但事实上，您对他人所期待的，恰恰是您潜意识中的“自我理想型”。

### 1. 你想和什么样的同事一起工作？

这表明了“对同事来说，我想成为什么样的存在”。如果您在此写下“诚实”，那就说明您很重视“诚实”这一点。

### 2. 你想和什么样的部下一起工作？

这表明了“对上司来说，我想成为什么样的存在”。如果您写下的是“直率”，那么说明您认为“直率”很重要。

### 3. 你想和什么样的上司一起工作？

这表明了“对部下来说，我想成为什么样的存在”。如果您写下的是“可以信赖”，那么说明您认为“信任感”很重要。

### 4. 你想和什么样的客户一起工作？

这表明了“对客户来说，我想成为什么样的存在”。如果您写下的是“高效率”，那么说明您很重视工作效率。

### 5. 你希望拥有什么样的恋人？

这表明了“对恋人来说，我想成为什么样的存在”。如果您写下的是“贴心”，那么说明您认为互相关心很重要。

如何？

通过这样的方法，那些在众目睽睽之下被突然提问时觉得“你想成为什么样的人”难以回答的人，是不是也能明确知道自己的想法了？

像这样，将自己的“理想形象”具体化，在探寻“理想型”的道路上，是非常重要的。

## 法则9　突然的形象改变令自己更具魅力

### 没有一贯性，就产生不了意外性

相对而言，“我对反差没有抵抗力。”

我经常听到这样的话。

平时穿着端庄衬衫的同事，突然在酒会上以华丽连衣裙的形象出现。

看上去很瘦弱的晚辈同事，穿上T恤后，意外地变成了一个肌肉男。

……

当这种“意外性”出现在面前时，你往往会对对方产生好感。这不仅限于恋爱，在朋友关系和工作方面也是一样的道理。

确实，“意外性”具有极大的魅力。

但是，您也要注意！

在展示“意外性”之前，首先，必须确定自己的风格。

在自己原本魅力的基础上，展示出新的一面，告诉大家“我不仅是那样的风格，还有这样的一面”。这会为自己的魅力加分，也会受到大家的欢迎。

相反，在自己的魅力还没有向对方传达之前，就匆匆展示“意外性”，就会比较糟糕。

比如，进行初次业务拜访，“意外性”是绝对不宜展示的。

此外，如果第一次拜访和第二次拜访，形象差异过大，就会给对方留下“性格不踏实”的印象。

因此，首先要确立自己的基本形象和风格，只有这样才能凸显“意外性”。

总之，在明确自己的理想型后，请先从传达这一“基础魅力”开始努力吧！

## 注意“意外性”的使用分寸

我们再来考虑一下反差太大的情况。

“今天是女人味的连衣裙，明天走朋克狂野风，后天是职业女性的装扮……”

这样形象就过于分散了。

比如，平时以干练的套装形象工作的女性，在出席客户招待餐会时，以一身得体的连衣裙装束出现，就是一种好的“意外性”。

因此，“意外性”的使用分寸很重要。

只要适当和平时的风格稍有偏离，改变一点点就足够了。

## 小结

- “为了使受欢迎显得不谄媚”，首先要清楚描绘自己的理想型
- 根据自己的理想型，决定“我想取得谁的好感”
- 要以“满足对方的需求”这一服务精神为基本
- 从“向他人期待的事情”了解“自己重视的事情”
- 在成功塑造自己的基本风格之后，再展示“意外性”

# 第3章

## 使“自我魅力”和“对方需求”产生乘数效应

## 注意配合“对方的需求”

树立理想型之后，“配合需求”就显得非常重要。

将“自己”这个品牌，进行怎样的外观包装，能够让顾客愿意拿在手上？这是一个需要考虑的重要问题。

为此，我们研究一下“顾客的需求”。

请思考一下，您想取得好感的目标。

“喜欢哪种外观的人？”

“对什么样的人会有好印象？”

假设工作中要和时尚、休闲风格的人打交道，但是您却穿上笔挺的西装，这样就会让对方觉得“这个人不太好相处”。

相反，在全是男性、只有您一位女性的项目组中工作，如果您穿上偏女人味的衣服，强调女性特质，就会受到大家的欢迎。

由于外观是表达“我认可你”、“我理解你”、“我会帮助你”等信息的绝好工具。

因此，需要了解对方的价值观和思维方式，并据此考虑自己应该转变成什么样的外观。

在本章中，我将尽可能地对此进行详细的阐述。

## 法则 10　发掘自己新的魅力比改变自己更胜一筹

### 成为您身体中“魅力交响乐团”的总指挥

要成为受欢迎的人，必须确立自己的品牌。

为此，首先必须具有“理想型”。接下来，结合理想型锁定目标，并结合目标的需求改变外观。

这就是“受欢迎的人”具备的形象战略。

我曾经对来进行形象咨询的顾客说：

“您能根据对方的需求改变自己的外观吗？”

“那我岂不是要具有很多不同的面貌?”

对方不安地答道。

我说:

“大家都说每个人有每个人的特色。但是我认为一个人能有一百种特色。其实,在您的身体当中,蕴藏着一百种不同的魅力。因此,结合对方的需求并不是要改变自己,而是将您身体中深藏的魅力挖掘释放出来。”

其实我们每一个人都隐藏着各种魅力。

但是,在了解了目标需求之后,也不要走极端。例如“上司喜欢朴素踏实型的员工,那从明天开始,我改变自己的穿衣风格,变成不同的自己吧。”

不是这样的!

将自身魅力结合此时此刻的目标需求进行对位,自然地表现出来就可以了。

为了易于理解,请参照图3-1。

左边的圆圈代表目标的需求。

右边的圆圈代表您的魅力。

两个圆圈重合的部分就是您的“目标风格”。

可以理解了吗?

对方的需求和您的魅力重合的部分就是您的“目标风格”。

所以，没有必要根据需求改变自己。

●为了结合对方的需求……

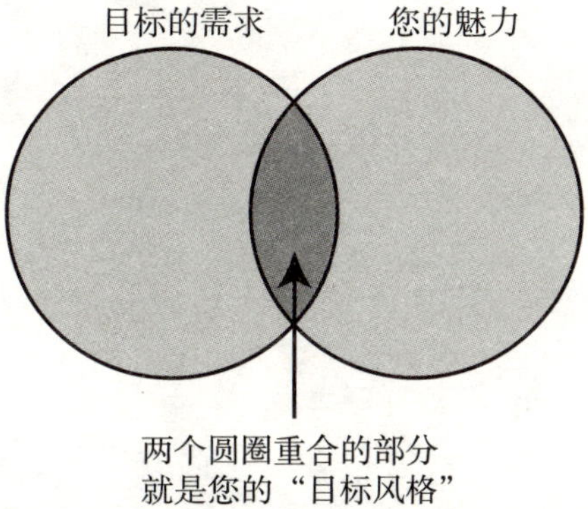


不是根据对方的需求改变自己，
而是在您自身的众多魅力当中
展示出符合对方需求的风格。

**图 3－1**

您只要在自己的魅力当中，选择出符合目标需求的一种，并加以强调就可以了。

就好像您的身体中蕴藏着一个百人交响乐团：

“这时该小提琴出场了。”

“现在钢琴是主演奏。”

像这样根据场景的不同，改变强调的部分就可以了。

可以说，您就是您身体中的这个“魅力交响乐团”的总指挥。

## 法则 11　达到目标外观的关键是探寻需求

### 打造目标喜欢的形象

成为受欢迎、能够帮助自己达成目标的外观的关键，是探寻对方的需求。

对方会对什么样的人有好感？

对方需要的是什么样的人？

探寻这些问题的答案，是成为受欢迎的外观的捷径。

假设您一直从事事务性工作，但是最近有了想往企划类富有创造性工作上变动的想法。

此时，会出现多种情形。

**1. 只是在心中想着“真想什么时候变动工作啊”，但是没任何行动。**

不必说，这样的做法最终改变不了任何现实。

像这样知道自己内心想法，却没有付诸行动的人，在现实中为数不少。

**2. 表达希望变动工作的心愿，思考企划方案并拿给相关负责人看。**

这种做法非常有必要。为了自己想做的工作，充实自己是很重要的。

但是在自己本职工作之余，还要兼顾这些实在有些困难。这里还有更为高效的方法。

**3. 表达出自己是“想去的那个部门需要的人”。**

具体应该如何去表达呢?

做法就是：将自己给人的印象转变为这个部门需要的形象。

比如，如果您想去企划部门，那么请考虑在这个部门工作的形象，然后将自己的外表和举止都彻底变成该种形象。

不过，仅仅是改变了您的形象，现实状况有时也会发生变化。

这个时候，目标就是企划部的负责人。假设他就是企划部长。

你应该做的是，认真思考这位部长想纳入麾下的职员形象。

此时，也许很多人立刻会想："因为是注重创造力的部门，穿得时尚点比较好。"然后背上流行的名牌包，挑战之前从未穿过的华丽装束。

但是，这也许是你自己一厢情愿的想法。

如果从部长的角度来看，他可能会想：

"客户方都是一些比较严肃的行业，应该尽量选择一些作风传统的员工。找一些能够善始善终地完成企划工作、给人信赖感的人。"

如果是这样，那么你就没有做到抓住对方的需求来改变外观，作为形象战略来说就是不到位的。

## 从目标的立场来抓住需求

在这种情况下，你可依照如下两个步骤来进行。

### 步骤1. 彻底调查企划部门的相关情况

在此过程中，请仔细调查以下事项。

- 部长是什么样的人？
- 部长从事哪些工作、性格如何？
- 部长抱有哪些问题意识，对下属有怎样的要求？
- 企划部门有多少员工？其中什么样的人比较活跃？
- 企划部门的客户和交涉对象都是怎样的人？

这样，您就能在一定程度上了解企划部门需要什么样的人才。

### 步骤 2. 以成为部长为标准来审视自己

在收集大量信息之后，再把自己当作部长来审视自己。

从您的角度看到的目标（部长）需求可能是“时尚的形象”，但是从目标（部长）自身的角度来看，需要的却是“保守且给人信赖感的形象”。

这种情况经常会发生。

像这样，从对方的立场去审视自己时，往往能看到更多的东西。

总之，重点是要站在对方的立场上。

这样，通过考虑目标的需求，并且据此来打造自己的形象，您就会得到目标的好感，达成自己的目标，进而实现自己的梦想。

## 法则 12　通过“置换立场”来了解需求

### 了解自己的角度和上司角度之间的差距

我想您应该已经了解了，从自己的角度和对方的角度分别来看企划部的工作是存在差距的吧。

要想真正站在对方的角度去看待问题，实际上是非常难以做到的一件事情，需要十分用心。

即便最初的目的是为了探寻对方的需求，但是在过程之中往往会不由自主地变成从自己的角度来思考了。

我经常听到有人说很难站在“目标”的角度来思考问题。

那么此时我们应该怎样去做呢?

在此介绍一种在我的形象咨询师培训学校的课堂上实行的诀窍。

首先，向学生们提出一个主题，让大家选择具体做法。

如问题为：

“化妆品公司的员工在陈述大会上应该采用什么样的装束？”

结果学生们都往往首先会从自己的角度来思考问题。

“因为是化妆品公司，所以必须是相对时尚的形象。可以穿上明亮色彩的套装，配以大量首饰。”

答案大多是流行的华丽装束。

接下来，提问：“如果从上司的角度来看会怎样？”

这时，有很多学生怎么也无法从上司的角度来思考问题。

这种情况下，我想请大家“不把自己当作部长”，而是想象“你就是你，你的下面还有部下”。

“假设你就在这家化妆品公司工作，请想象一下如果你有部下，你希望在这种场合下，部下是什么样的装束。”

这样一提问，就会出现一些更正后的答案。

“考虑到客户方的信任感，应该选择稍厚的套装。”

“可以戴首饰，但切忌过度，会有不好的效果。”

像这样，在很难“站在上司的立场来思考希望自己穿着的服装”时，换着从“自己希望晚辈同事穿着的服装”来考虑，会比较易于联想。

所以，在探寻“目标”的需求时，要尽量站在对方的角度来思考问题，这一点务必要意识到。

最后，你会发现，仅通过这一点，您给对方的印象就一下子发生了很大的变化。

## 法则 13　展现自己不为人所了解的魅力

### “自己认为的魅力”和“对方看到的魅力”是不同的

其实，我们眼中的自己和对方眼中的自己是有很大差异的。

可能会有人认为：“我自己的事情，我自己最了解。”

但其实并非这么简单。

因为您的魅力分为两种：

1. 为人所了解的魅力

### 2. 不为人所了解的魅力

让我们做一个实验来看吧。

请看图3－2中的描述词。将这些描述词复制两份。其中一份由自己来填写。

请找一找“适合描述自己的描述词”，无论几个都可以。

你可以从自己的角度来看待自己，怎样想就怎样写。

而另外一份请交给了解您的朋友，请她找一找适合描述您的形容词。

如果您想知道您的职场印象，也可以请同事来写。

当两份都写完之后，再核对一下答案。

结果如何？

**描述词表**

| | |
|---|---|
| □具有目的意识 | □大胆 |
| □友好 | □以自我为中心 |
| □机智敏捷 | □意志坚强 |

- □难以接近
- □可信赖
- □自信十足
- □保守
- □具有说服力
- □聪明
- □忠诚
- □有能力
- □认真
- □反应力强
- □诚实
- □正统
- □稳重
- □感觉好
- □踏实
- □有教养
- □敦厚
- □有包容力
- □亲和力
- □心血来潮
- □快乐
- □动感
- □时尚
- □热情
- □干练
- □富有独创力
- □性感
- □都市感
- □华丽
- □高调
- □奢华
- □有自我主张
- □活泼
- □光明磊落
- □坚毅
- □认真
- □有领导力
- □善于交际
- □亲切
- □拘谨
- □威严
- □高雅

| | |
|---|---|
| □自然 | □＊优美 |
| □乐观 | □＊女人味 |
| □放松 | □＊可爱 |
| □自发的 | □＊细腻 |
| □天真 | □善变 |
| □不做作 | □容易亲近 |
| □无修饰 | □照顾他人 |
| □健康 | □为他人着想 |
| □活力 | □亲切 |
| □新鲜感 | □感性 |
| □做事谨慎 | □细致 |
| □关心他人 | |

注：带有＊号的词语是专门针对女性

图3－2

应该没有人会符合以上所有描述词吧。

你为自己选择了“不做作”，可能对方为你选择的是“认真”。

这就是“自己眼中的自己”和“对方眼中的自己”之间的差异。

请看下面：

“我认为自己不做作，对方却认为我很认真，我应该增加自己的亲和力吧！”

“不做作”和“认真”，这两方面都是你的魅力。

但是，如果您“不做作”的一面没有为对方所了解，就应该认为自己这方面的魅力难以被对方看到。应该这样想才对。

## 法则 14　用形容词来思考“理想中的自己”

### 用形容词来表现名词“套装”

“视作‘目标’的上司喜欢套装等端正笔挺的服装。但是我不太适合那种衣服，我比较喜欢柔软质感的连衣裙。但是在工作场合似乎不够稳重，我有些担心。”

到我形象咨询学校的女性在交谈中说道。

这就是“您的魅力”和“对方的需求”没有重合的状态。

那么是“针对对方需求来展示自身魅力”，还是维持自己的魅力，无视对方的需求呢？

这里有一个使“对方需求”和“自身魅力”重合的关键。

首先，像图3－1那样准备一张白纸，画上两个有重合部分的圆圈。

在右边的圆圈中填入从图3－2中您和朋友（同事）为您选择的描述词。

然后在左边的圆圈中填入您的“目标”需求。

此时，请用形容词来思考“目标”的需求。

不用“套装”这一名词，而是用套装给人的印象，比如“刻板”、“认真”等形容词来表现。

在喜欢“套装装扮”的对方内心深处，往往隐藏着喜欢“认真踏实”和“知性”这两个形容词。

你可以调查一下是不是这样，也可以直接去问目标人物。

如果对方回答：“喜欢套装那端正笔挺的感觉。”那么对方就是在寻求“端庄”的形象。

而且，与其勉强穿上不适合自己的套装，倒不如在柔软质感的连衣裙外，加上一件剪裁良好的外套，或者虽然是外套，但是可以选择一些具有女人味的圆点图案的款式。通过适合您的服装来打造端庄的形象。

## 用“名词+形容词”来表现理想形象

这种“将目标需求转变成形容词来应用于自身”的做法，适用于很多情况。

比如，假设一位外形高瘦、给人优雅感觉的商务男士想成为“高仓健那样正直的人”。

此时，可以用形容词来思考“为什么想成为高仓健那样的男人”、“喜欢高仓健的哪一点”。

于是，出现“有男人味”、“正直”、“可信赖”等很多答案。

如果是喜欢“有男人味且可信赖”，那么想要马上通过锻炼身体来达到结实的体形确有困难。这时不妨试着穿上笔挺有型的优质外套或是深色西装。

另外，“采用形容词来进行描绘”对于“切实传达理想形象”也能起到作用。

比如在美发店，您跟发型师说：“我想做成松岛菜菜子那样的发型。”但实际剪完之后却发现完全不适合自己，简直是一个失败的发型。这样的情况您见过吧。

如果是这种情况，请考虑一下自己是喜欢松岛菜菜子的什么特质，这样就会避免失败。

是“清秀”、“高雅”，还是“健康的性感”，您自己决定一下形容词。之后告诉发型师：“请给我剪一个能够给人松岛菜菜子那种清秀感的适合我的发型。”

在表达形象的时候，请使用这种“名词+形容词”的方式：

“高仓健那般充满男人味且正直的感觉。”

“松岛菜菜子那种清秀的感觉。”

这是使您自身魅力更好展现出来，从而接近您的理想形象的秘诀。

## 法则15　要巧妙地利用自己的缺点

### 间接地表达“想隐藏”的心情

“虽然知道要符合‘对方的需求’，但是实际操作中，为免自己看上去显寒酸相，还是会首选肩膀较宽的衣服。”

在现实中，像这种以“隐藏自卑感”为标准来选择装扮的人有很多。

这种“隐藏自卑感”的装扮，其最大的坏处，是最终出来的效果将与您本人的初衷完全不同。

以“隐藏自卑感”为目的的装扮，会使人发出“不想被看到”、“不想被谈及这里”的暗示。

其实，“外观印象”并非只受到装扮的视觉影响。

说话方式、行为举止、本人焕发出来的风采，这些都与“外观印象”有着重大的关系。

如果体形不标准，就一味地产生自卑情绪，想隐藏自己的体形缺点，最终往往会适得其反。

因此面对自己的缺点，不要隐藏，而是要巧妙地对其加以利用。

## 用褒义的形容词来重新表述自己的缺点

体形偏胖的女性，往往会以“让自己看上去变瘦”为标准来选择服装。

为了隐藏体形，她们通常会选择穿上一身黑，或是看不出身体线条的深色服装……

但往往是欲盖弥彰。

这种情况下，不妨将自己从这种状态下解脱出来。

### 1. 首先用形容词来描述 “偏胖体形”

圆乎乎、胖墩墩

### 2. 接下来试着替换为较积极的词汇

丰满、和善

### 3. 想一想应该用什么样的装扮去利用这些特点

结合丰满的身体线条和亲和感打造自己的形象。

#### 4. 最后，选择适合这种形象的服装和发型

进行到了这一步，那么就请将之前“为了使自己看上去显瘦”的黑色衣服脱下吧，换上柔软材质的衣服。

这样一来，您的面貌就会焕然一新，由原本的偏胖女性，变身为一副富有亲和力、充满女人味的积极开朗的女性形象。

所以，进行“外表管理”时，一定要记住“对于缺点，与其隐藏，不如利用”这一点。

一旦您懂得怎样好好利用自己的缺点，那么不仅您的心情会变好，您与他人的沟通也会变得更为顺利。

## 法则 16　轻松自如地贴近需求

### 如果通过勉强自己来迎合需求，那就本末倒置了

配合对方的需求是非常重要的。

但是也要注意一点。

那就是“不要一味地迎合对方需求而丢失了自己的喜好”。

如果压抑自己的喜好来迎合对方需求，那就是一件很不愉快的事情。

这种不愉快的情绪会传递给对方，从而很可能给人留下负面印象。

因此，在配合对方的需求时，应该抱有“这样做比较好”的心态，而不是“不这样做不行”。

例如，“对方的需求”是“贴身而有型的套装”，而“您的喜好”是“带皱褶花边富有曲线的甜美服装”，那么就不必完全去依照对方的需求进行改变。

而选择“带皱褶花边的贴身而有型的套装”就可以了。

因此，大可不必放弃自己的喜好和感觉，来完全迎合对方的需求。

而且，即便勉强这样做了，整个人也会表现出不愉快的的情绪，这就本末倒置了。

您可以将自己的喜好加入其中，20% 左右是较为合适的程度。

- 外套的材质选择自己喜欢的；
- 在袖口处表现自己的喜好。

这样，您在配合对方需求的同时，也稍稍展示出了自己的风格。

如此轻松自如地装扮自己，一定会给对方留下较好的印象。

## 小结

- 人的魅力有很多面。结合不同的需求展示不同的魅力
- 了解“自己的魅力”和“对方的需求”的重合部分
- 自身魅力分“为人所了解”和“不为人所了解”两种
- 用“名词＋形容词”来描述“理想的自己”
- 用褒义的形容词来描述自己的缺点

# 第 4 章

# 让别人对你有好感的魅力磨炼法

## 行动会带给你变化

在形象咨询班，学生们有一句常常挂在嘴边的话：

“开始行动吧！”

找到了自己的“理想型”，在此基础上探寻对方的需求并立即付诸行动是最重要的。

想当初，我自己为了钻研形象咨询方面的知识而报名参加纽约的形象咨询学校时，也曾经犹豫过。

“我的英文不流利，没关系吗？”

“和班上的同学难以沟通，会不会很孤独？”

但是，最终我战胜了这些不安，决定“不管怎么样，都要努力去做”。

之后，我的人生就好像上足了发条一样，充满干劲。

因此，我的人生信条只有一个：

“犹豫的时候就马上行动。”

在第一章中我们已经说过，“改变外观的20%，就能改变印象的80%”。

所以，10%也好，20%也好，首先请试着改变自己。您会受到大家的赞美：

“换了一条领带啊。”

“粉红色的衣服也很适合你哦。”

“看上去给人很明朗的感觉，很好！”

这样您的心情也会好起来，然后会更加努力地去改善自己。

## 法则17　注意选择比对方的喜好稍正式的服装

### 有求于人的时候，要穿得比对方的喜好高一规格

假设您明天去拜访客户。

那么现在，首先要调查一下对方的服装品位是休闲风格，还是端庄的套装风格。

如果您有一件很难开口的事情要拜托对方，那我建议您选择比对方的品位“稍高一规格”的服装。

比如，对方平时喜欢“外套搭配裤子”的装扮，那么这次就穿上套装以示敬意。

如果对方喜欢休闲风格的装扮，连外套也很少穿。那么此时您选择套装，就会和对方产生距离感。

这种情况下，可以选择“外套搭配裙子或裤子”这种稍微休闲的装扮，以表示对对方的尊重。

## 也要考虑同行者和同席者的服装

想必您已经理解了“穿得比对方的喜好高一规格”的重要性了吧。

下面，我们来说明一下服装搭配的规格。

在商务穿着中，从休闲装到正式装，分为不同的级别。

**级别 1. 无领**

针织物、T 恤、棉质长裤、裙子

### 级别 2. 有领

有领衬衫、棉质衬衫、POLO 衫、女士衬衫、宽松长裤、裙子

### 级别 3. 外套

外套、有领衬衫、女式衬衫、宽松长裤、裙子

### 级别 4. 套装

上下成套的套装、有领衬衫、女式衬衫、领带

关于这些服装级别，可以参照图 4－1。

不过一定要记住："为了表示尊重，要选择比对方的喜好高一规格的服装。"

这样你定会得到对方的好感。

"由于今天的客户不穿套装，我不太清楚他的穿着休闲程度。"

在这种情况时，带上一件外套比较放心。

这样到时你可以根据现场情况来进行调节，有备无患。

当然，除了要考虑客户，对同行者的穿着也是有必要进行考虑的。

如果上司穿的是级别 4 的服装，那么作为下属，你就绝对不能穿级别 3 的服装。

●服装

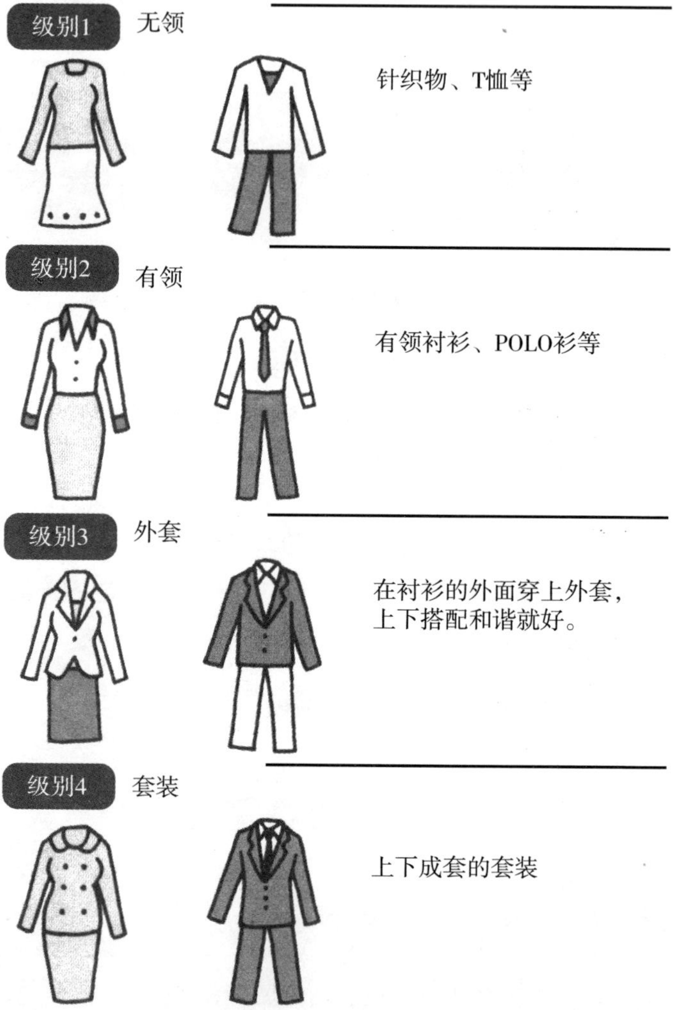
级别1
无领
针织物、T恤等
级别2
有领
有领衬衫、POLO衫等
级别3
外套
在衬衫的外面穿上外套，
上下搭配和谐就好。
级别4
套装
上下成套的套装

图 4－1

切记，在这种情况下，和上司穿着同一级别的“套装”是铁则！

对于我而言，作为形象咨询师，每次前往商谈的时候，也会首先问一下和对方一同出席的人员身份。

如果得知对方会和上司一起出席，那么我就会选择比以往会面时高一规格的服装。

与其说是出于礼仪，倒不如说是出自对对方的认可：“事先知道今天要和您（上司）见面，因此我带着对您的敬意进行了准备。”

或者是表达敬意和感谢之情：“经常受到您部下的关照，十分感谢。”

因此，选择服装，务必要将场合、同行者的服装等因素一一考虑周全。

## 法则 18　积极地提出外观方面的问题

### 不要怕被人认为“只知道关注打扮”

我想很多人都有很多关于服装方面的问题，却不好意思提问。

可能有些人有“不想被人认为只知道关注穿着”这样的顾虑。

对于这样的顾虑，我觉得很遗憾，我想大声说：“绝没有这个必要！”

比如在您公司的盘点日，有这样一名晚辈员工说：

“不知道该穿什么，不管了，穿西装吧。”

其实这时，他只要开口问一声：“明天盘点日，穿西装可以吗？”他的西装就不至于后来被弄得全是灰尘。

但是，就是因为没有问，该员工最终穿上了不合场合的服装，最后弄得一身是灰，西装也弄脏了。

可以说，敢于在外观方面向上司提问的人，才是能做好工作的人。

因为他对“得体的服装”和“自己的职责”具有相当高的意识。

所以，关于外观方面，如果你有不明白的地方，一定要丢掉顾虑，大胆地提问。

## 提倡使用明确给出选项让对方选择的提问方式

“穿什么去好呢？请教教我。”

有顾客告诉我说，这样问上司后，得到的回应是：“这种事情自己去想吧！”

我的建议是，关于外观的问题，尽量用封闭式问题的形式提问。

所谓“封闭式问题”就是形如，“咖啡和红茶，您想喝哪一个？”这种明确给出选项让对方选择的提问方式。

而像“您想喝什么”这种答案自由发挥的，就属于“开放式问题”。

开放式的问题会给对方留下“我也不太清楚，所以问问你”这种“把球抛给对方”的印象。

而封闭式的问题会让对方感到，关于服装你已经好好考虑过了。

因此，今后在遇到选择服装的苦恼时，请以两个备选答案的封闭式问题提问：

“套装和外套，哪一个比较适合这个场合呢？”

## 法则19　用“两个备选答案的封闭式问题形式”来思考

### 不是“你不适合蓝色”，而是“找一找适合你的蓝色调”

以前我在企业营业部门工作的时候，曾因连续好几天通宵加班。

因此，身体不好，脸色也很差。

但是我认为：“作为营业人员，面对客户应该有好的气色。”

因此，我在套装内穿上了我认为能够提亮气色的黄色和橙色衬衫。

但是却被人经常问：“你很累吗？”“昨晚是不是通宵加班了？”

我想，一定是自己不适合黄色和橙色。

有一天，我终于意识到，原来同是黄色和橙色，之间也有微妙的色差，其中有的会使自己的气色变好，有的却适得其反。

因此，我将很多种橙色分别作了双项选择题。

“鲜橙色和浅橙色，哪种会使气色看上去更好？”

“要是接近黄色的橙色和接近褐色的橙色呢？”

像这样，将橙色进行两两对比，认真确认，同时也征询身边人的意见。

在做双向选择题的过程中，我渐渐发现了“类似柿子的橙色会使脸色看上去很明亮”。

所以，每个人都有自己的“个人色”。

“都是橙色，但是偏山茶花的橙色会使脸色发暗，而类似柿子的橙色却能提亮气色。”

像这样，每个人又都有适合自己的色调。

因此，千万不要漠然地说：“我穿蓝色会显得脸色不好。”所以干脆放弃了所有的蓝色服装。

在蓝色中必然有一种色调是适合你的。

总之，用双项选择题的形式来寻找，你一定会找到适合自己的蓝色。

## 款式也要进行比较

不仅仅是颜色，衣服的款式也要用双向选择题来决定。

“我不适合穿长裤。”

“我穿超短裙绝对不行。”

如果您有以上想法，觉得自己选择服装的范围很有限，那我建议您做一做双项选择题。

“虽然紧身的长裤不适合您，但可以考虑试试宽松的棉质裤子。”

“包身裙虽然穿不了，但是喇叭裙却非常合适。”

没准儿您会有这样的新发现呢。

通过这样两两比较，常常会使人消除之前“这也不合适、那也不能穿”的顾虑。

比如，有个顾客为了看上去有高雅之感，她从六十年代的电影时尚装扮中得到了启发，于是穿着较长的筒裙搭配细细的高跟鞋。

但是由于她个子比较矮，这么一穿怎么看怎么不伦不类。

我建议她：“如果想穿出高雅的感觉，稍短一些的裙子会更适合您。”

但是她坚持认为：“以前有个女明星就这样穿过，非常高雅。”

我执意让她试了试两种不同长度的裙子，结果效果悬殊。

“哇，的确是像您所说的那样，腿看上去都变漂亮了。”

最终，她很高兴地接受了我的建议。

所以，当您犹豫不决的时候，不妨用双向选择题来进行思考。

## 法则 20　将店员当作您的形象顾问

### 让别人告诉自己合适服装的四大重点

“我适合穿什么，不适合穿什么?”

这个问题如果由您自己来判断，确实很困难。

对此，我有个好办法。

去寻找自己的专用形象顾问。

“这需要花钱啊。”

那我告诉您不花钱的办法。

就是将服装店的店员当作自己的形象顾问。

“啊？服装店店员又不是咨询师，能帮我选择适合的衣服吗?”

可能有人这样想。

的确，如果您只是漠然地说：“有没有适合我的衣服?”自然很难达成这个目的。

因为店员可能向您推荐的不是适合您的衣服，而是当下流行的款式。更有甚者，会将库存积压的衣服推销给您。

因此，关键在于您的“提问能力”。

这里有四个重点。

### 1. 双项选择题

使用双项选择题，在如下场合中就会很有效。

因为只是问一句“我适合什么衣服”，可能店员会把卖不掉的积压服装拿来给您。但是如果给出双项选择，店员就能够认真地为您考虑哪个更合适。

拿我来说，我在试穿衣服的时候，肯定不仅仅只拿一件，而是一定会再选一件与之对比强烈的衣服。

比如，我试穿白色和灰色的衬衫，问店员：“哪一件更具亲和力?”

这样店员也会更易于回答。

### 2. 使用形容词

如果试穿两款服装，然后问：“哪一款更适合?”

“A 款式看上去更清爽，而 B 款式会显得人太过威严。”

这么一来，店员也作不了判断了。

这种情况下，请用形容词来表达“您期望的形象”。

“哪一个看上去更可爱?”

“哪一件看上去人更加沉稳?”

像这样提问才是正确的。

### 3. 组合两个形容词

由于最了解这家服装店中商品情况的，就是店员。

所以也可以将自己所期望的形象告诉店员，请她帮忙选择合适的服装。

此时，使用组合式的形容词会很有效。

“请挑选三件成熟高贵的外套。”

“成熟”加“高贵”的组合。

不是“成熟+干练”和“成熟+女人味”，而是“成熟+高贵”。

最终通过这种形容词的组合向店员传递明确的信息。

### 4. 将主语定位为“我”

如：“请挑选三件成熟高贵的外套。”

其实这句话在意思的表达方面并不完善。

重要的不是“成熟高贵的外套”。

而是“使我穿上去显得成熟高贵的外套”。

因为无论多么成熟高贵的外套，如果您穿上没有那种感觉，就没有任何意义。

可能有的人不太习惯用“我”做主语，但是也请试着把店员当作自己的形象顾问。

其实不必有“如果我没有挑选到喜欢的衣服，什么也没买，是不是对店员有点过意不去”这样的顾虑。

只要您将自己的需求明确地告诉了店员，然后说“不好意思，没有选到符合我需求的衣服”就好了。

## 法则 21　用小装饰来展现自身魅力

### 通过小装饰来突出色彩

领带、腰带、手表、皱褶花边、胸前口袋的手帕……

这些小装饰是帮助自己展示“受欢迎的外观”的小道具。

但现实中，有很多人却并不善于使用这些。

比如，一名男性想装扮一下自己，在胸前的口袋处插入了一块手帕。

此时，为了不使手帕过于抢眼，“胸前使用了粉红色的手帕，领带则选择素色的，”通常大家都会认为这样的搭配比较平衡。

但是，这样反而会使粉红色的手帕显得很扎眼。

可以说，给大家的印象会是“那条手帕好醒目啊”，而不是“很时尚”。

其实在这种情况下，胸前使用了粉红色的手帕，就应该也系上一条同为粉红色的领带，总之要在另一个地方也使用粉红色。只要一点点就够了。

这样搭配，会使手帕的色彩有所呼应。

比如有一名女性顾客这样问我：

“我买了一双很喜欢的红色鞋子。因为红色很醒目，为了稍微遮掩一下，我都是穿长裤来搭配的。但是这样反而更加刺眼了，我现在都不想穿这双鞋了。”

像这样，刻意地隐藏，反而会显得更为扎眼。

这时，应该在除鞋子之外的装饰中，再挑选一处，也使用红色，这样整体就有统一感了。

然而，大多数人为了时尚，会在装扮中使用强烈的色彩。

虽然他们心里想的是只突出这一点，但是看上去却反而有点夸张，或者很扎眼。

因此，与其一处，不如两处。

并且两个地方都要只使用一点点。

这就是使您看上去变得时尚的色彩法则。

## 小结

- 注意要穿着比对方的喜好高一规格的服装
- 不要羞于提出有关外观的问题
- 犹豫不决的时候请使用“双项选择题”来思考
- 把服装店店员当作自己的形象顾问
- 使用醒目的颜色时，一处不如两处

# 第5章

# “瞬间抓住对方的心”的沟通诀窍

## 沟通能力也是外观之一

假设一位相貌端庄的女性穿着漂亮的衣服站在您面前：

- 笑着说“您好”
- 无表情地点一下头

您认为哪一种更让您有好感呢？

当然是面带微笑说“您好”了。

“笑容是最好的化妆品。”

有时候，华丽的装束和精致的妆容都比不上您的笑容所展现出的魅力。

形象顾问一般都会给出这样的建议：除了颜色、

装束、化妆之外，也要重视表情和举止。

而且，外观形象仅靠装束和发型也是无法打造出来的。

所以在进行交流的时候，有着种种的要素会关系到您的外观形象。

在本章中，我将谈一谈我在形象咨询工作中接触到的人，以及我自身的交流秘诀。

## 法则 22　首先理解对方的情绪和意见

### 即便在意见相左时也会对理解自己的人抱有好感

外观形象不是仅仅通过装束就能打造的。

举止、谈吐、声音、笑容……

只有结合这些要素，才会整体打造出您的外观形象。

为什么受欢迎？

必要的是什么？

重要的又是什么？

……

为了成为受欢迎的人，您需要思考应该采用什么样的沟通方式。

关于沟通的秘诀，首先就是“理解对方”。

人都是希望获得理解的。我们在之前的内容中，已经谈了有关“通过服装表达对对方的理解”。

沟通也是同样的道理。

对方对您产生好感，是因为觉得“你理解了我”。

因此，“理解对方”是“让对方对你产生好感”的捷径。

可能您会有这样的想法。

“但是，要从内心认可各种各样的人，不容易啊。”

没关系。

“理解”和“认可”是两码事。

“我不知道我和你的意见是否一致，但是我理解你的存在。”这种“暂且接受”的态度就是“理解”。

而另一方面，“我从内心赞同你的意见”才是“认可”。

如果面对一个内心正充满不满的人，你表达出

“其实不必为这种事不满”，那就代表“拒绝”。而“您的心情很难受和悔恨”，则为“理解”。

相反，如果一起说出不满的话语，两个人表现出同声同气，那就表示“认可”。

我的想法是，既不要“拒绝”也不必“认可”，“理解”就可以了。

“我们的意见可能并不一致，但是我暂且理解你的意见和想法。”

像这样表示理解之后，再判断究竟是认可还是不认可。

即便意见相左，对于理解自己的人，人们还是会抱有好感的。

## 法则23　在对话中要耐心聆听对方的表达

### 对话中不要急于说出“这个我知道”

“这个我知道。”

在对话中，不应该向对方传达这样的信息。

当然，我也明白有时候不由自主地会说出这句话。

但是，像“这个我知道”、“我已经知道了”这样的意思，是可以通过应答和点头时的表情来充分表达出来的。

表示“自己早已知道”其实只能表现出你自满的情绪。

因此，说出“这个我知道了”这样的话，不仅不能向对方表现你的优秀，反而往往会伤害到对方的心情。

因为对方和你说话，是希望让你知道这件事情，或想告诉你一些东西。

你认为“你要告诉我的事情，我已经知道了”这样的表达，能带给对方“满足感”吗?

“表明自己已经知道”，还有另一个负面影响。

假设对方想告诉你的五句话中，有两句是你已经知道的，还有三句对你有益的信息是你不知道的。

而对方一开始说的，是你知道的那两句话。

此时，你告诉对方你已经知道了。

对方就会认为：“剩下的三句不说也没关系了。”

但是这剩下的三句，很可能对你来说是很有用的重要信息。

“是这样啊。听上去很有意思啊。”

此时，你不妨使用这种意味深长的回应方式。

这样，对方就会接着说出之后的三句话。而如果你的提问方式让对方感到很合心意，对方很可能还会说出第六句话。

所以，即使你已经知道了，也要控制自己不要说出来。

这样既会带给对方满足感，也会使自己获得必要的信息。

## 法则 24 判断性语言及立即否定对方，都是沟通的大忌

### 不要使用判断意味的语言

就我自己而言，我很在意“不要判断事物”这一原则。

因为人在被判断的情况下，心情都会不愉快。

比如在您心情不好的时候被人问道：“心情不好吧?”您的心情想必会更加一落千丈。

又如，着急的时候被人问“你很着急吧”，你肯定

会变得更加着急。

像这种“心情不好吧”、“很着急吧”之类的话，与其说是“对对方的关心”，倒不如说是暗示“我知道了”。

用这种“我知道了”的暗示来判断对方心情，不仅没有任何意义，还会使气氛变得更加紧张。

所以一定不要判断对方的心情。

如果实在是很在意，可以换一个提问的方式：

“我觉得你＊＊＊＊＊＊，是这样吗？”

## 沟通中切忌立刻否定对方

此外，“不要立刻否定”也是沟通中的一大重点。

遇到和自己不同的意见和理解不了的事情，您是不是会不由得说出“但是……”这样的话呢？

“但是，我认为这是不对的。”

“但是我从来没有听说过这种事。”

切记，在对方说完话之后，先不要立即作出否定的反应。

因为“是肯定还是否定”，在充分理解对方的意思后再作判断也来得及。

对此，首先要说“是这样啊”，来表示对对方信息的认可。

这种表述并非意味着“我也是这样认为的”这种接受对方意见的态度。

“我已经了解了你想说的事情。”

“我明白你的心情。”

它只是具有这样的意味而已。

## 法则 25　通过表情也可以贴近对方的心

### 用“悲伤的表情”来表达“悲伤的心情”

在交流中，比语言更重要的，其实是“表情”。

请想象一下。

在一次外出工作中，您高跟鞋鞋跟突然掉了，于是您赶紧跑到商场。这时，鞋子卖场的店员 A 面无表情地说：“您一定很困扰吧？”

而另一个店员 B 带着同情的表情说：“您一定很困扰吧？”

您会对哪个店员抱有好感呢？

虽然她们的话一样，但是您面对她们的心情想必完全不一样。

人在悲伤的时候，希望别人也以“悲伤的表情”来表示对自己的理解。在高兴的时候，也希望对方能以“开心的表情”来理解自己。

因此，在表示体会对方心情的时候，应该流露出和对方心情相吻合的表情。

前些日子，有一次我在机场感觉身体不太舒服。

因为离航班起飞没有多少时间了，没有时间去医务室，所以我就暂且去药店买点药。

当时我对药剂师说：“我连水也喝不下。”

“连水也喝不下啊，您一定很难受吧。这样吃药也不一定有效。”

药剂师也流露出非常同情的表情，表示可以体会我的痛苦。

虽然只是几句话，但是已经让我心里好受多了。

如果当时药剂师只是说“这个药管用”或者“原因是这个吧”，完全不体会我的心情，只是一味地专心卖商品，我想我的症状不会有减轻的感觉。

可以说，正是这名药剂师感同身受的表情帮助了我。

## 拉近“心情”和“表情”之间差距的课程

我曾以商场店员等服务业的人员为对象，举办了一门“表情课程”。

首先我请学员用“悲伤的心情”、“高兴的心情”和“生气的心情”等各种情绪来念同样的一句话。

然后让学员不出声，只是露出表情，让其他人来猜他现在的心情。

结果很多人即便想着自己是“悲伤的心情”，但怎么也难以在表情中流露出来。

这就是“心情”和“表情”之间的差距。

为了消除这一差距，所以我才特意举办了这个课程。

当然，阅读本书的各位读者也可以在家中练习这一课程。

只需要用到一面镜子。面对镜子时做出：

1. 悲伤时候的表情
2. 开心时候的表情
3. 愤怒时候的表情

您将会有各种各样的发现。

“将眉毛稍稍垂下，看上去会显得悲伤。”

“生气的时候，皱起眉头是关键。”

当然，表情稍稍夸张一点就可以。

即使露出非常悲伤的表情，也不会带给对方不快的感觉。

因为前提是不发出声音，所以表情一定要很丰富。

正因为感同身受有时候会具有极大的能量。

所以请不要忘记用表情来贴近对方的心。

## 法则 26　“笑容”和“笑声”是不同的

### 笑容是最好的化妆品

表情固然重要。但我认为在沟通中最为重要的，是笑容。

我甚至认为笑容是最好的化妆品。

但是，也希望大家注意一点：

“笑容”和“笑声”是不同的。

有时候，我们会遇到为了获得对方好感，笑得十分夸张的人，如：

“前几天我在横滨一带做了演讲。”

“是吗？哈哈哈。”

不仅有夸张的笑容，连笑声也很大。于是对方会觉得很困惑：“有这么好笑吗？”

此时，对方一定既没有“被理解”的感觉，也没有“被重视”的感觉。

而只会摸不着头脑：“那个人为什么笑成那样？”

在困惑、紧张和不自信的时候，应该有意识地控制笑声。

“我完全没有男人缘，哈哈哈。”

看到你笑成这样，对方会不知道该作出怎样的反应。

再如，被上司问道：“关于这份企划你怎么想？”“关于这个，我正在思考中。哈哈哈。”这样一边笑一边回答，上司可能会有不快感：“你是不是太不重视工作了。还是在戏弄我？”

总之，笑容会提升好感度。但是笑声未必会和好感度联系在一起。这一点请务必记住。

### 有意识地露出“笑容”，自然地发出“笑声”

不过，笑容也需要控制。

当对方在并非十分愤怒、悲伤或者严肃状态的时候，“嘴角微微上扬”这种程度的笑容，是通用且有效的。

此外，“点头”加上“笑容”也会增强你表达对对方的认可之情。

但是，一旦控制不当就会导致反效果。

所以“笑容”需要有意识地控制。

“笑声”则只要在真心感到很愉快时，自然发出即可。

这样做，“笑”就会永远是你的好帮手。

## 法则 27　注意说话的音调

### 在说重要话题时，注意要稍稍低声

注意说话时的音调，也是需要注意的一个重要方面。

“我希望你认真地听这番话。”

“我想总结一下这次的会谈内容。”

“我想表达我正在认真听对方的话。”

在说这种重要的话题时，要注意将自己的声音降一个调。

这样，您会意外地发现“原本担心会太低的音调”反而恰到好处。

或者换言之，与其说音调低，倒不如说是加强了给予对方“沉稳”、“理解对方”的印象。

所以，尽管这只是个小转变，但对方的反应就有可能会发生较大的变化。

这个方法对于男性女性都很适用。

因此，音调较低一定不会令人讨厌，有时还会引起别人的好感。

## 法则 28　感受对方的紧张度

### 面对紧张的人，首先要舒缓她的心情

要打开对方的心扉，其实关键在于：洞察“对方的紧张度”。

当对方的紧张度很高时，您这边的紧张度却很低；

或者，当对方的紧张度较低时，您这边却处于高度紧张的状态，这样双方就没有共鸣，自然也很难互相理解。

拿我身边的事情来说，在前来参加培训的学员中，大致分为两种紧张度：

1. 十分兴奋的高紧张度学员

2. 紧张度较低的学员

当面对看上去很兴奋、处于高紧张度的学员时，我也会同样以高紧张度来应对。

“我想你今天一定有个非常棒的发现！”

“请下次一定去买与形象匹配的服装和首饰吧！”

通过使用高调的语言，我会将快乐的氛围更加推动起来。

但要是面对紧张度较低的学员，如果我也突然大声说：

“我想你今天一定有个非常棒的发现！”

对方一定会反应不过来。

这种紧张可能是因为怀疑自己不适合这个课堂，或是对我刚才的话感到迷惑不解。

这个时候，首先要缓解对方的不安情绪。

“今天你来了我非常高兴。”

“谢谢你等我。”

像这样一边舒缓对方的心情，一边传达感谢和喜悦的心情。

因此，自己要配合对方的紧张度。

这就是“受欢迎的人”意识到的沟通诀窍。

## 小结

- 对于对方说的话首先要表示全部“理解”
- 即使已经知道，也要避免在对话中出现“我知道了”这样的话
- 通过表情贴近对方的心
- 根据场合的不同区别使用合适的音调
- 洞察对方的紧张度变化

# 第6章

## 打造给人好印象的“外观”的思维方式

### “珍爱自己的心态”会给你的外观带来好的影响

在我从事形象顾问的工作中，时常牢记心头的是：“为每一个人提供充分发挥不同魅力的提案。”

例如，有较为瘦弱的男性顾客，拜托我帮忙选择服装时，我不是为他选择宽肩的西装，而是选择了展现身体线条的西装。

当接受女性顾客的委托，帮忙挑选香水时，我的原则不是“缺少妩媚感就挑选性感香型”、“缺乏女人味就挑选花香型”等补足顾客所缺少的部分，而是选择能够更加烘托顾客个人魅力的香型。

因为隐藏缺点，不如充分发挥优点。

正如“要了解自己拥有的财富，就要发自内心地去爱它们、发挥它们”一样。

这一原则不仅在选择衣服和改变发型的时候适用，对沟通和工作方法也同样适用。

所以，“珍爱自己的心态”一定会给外观带来好的影响。

在本章中，我将谈一谈“心态”和“思维方式”，虽然这些并不能马上在反应中体现出来。

## 法则 29　将目光放在自己的进步上

### 认可自己、赞美自己

“为将自己变为高贵知性的形象而努力吧！”

听了我给出的形象建议之后，有些顾客就会将注意力全部放在自己不足的部分上。

“难得穿上这么华丽色彩的套装，要是腿再细一点就好了。”

“即使再努力，还是不如＊＊小姐那么知性。”

如果像这样光是将目光放在“不足”、“比不上”、

“做不到”这些“理想与现实的差距”上，那么就只能一味地叹气。

光是自责自己不足的地方，消极地看待自己，心情就会越来越差。

而且“追不上理想中的自己”这种紧迫感，也会大大左右你的外观形象。

对周围的人来说，和消极看待自身的人相比，他们还是觉得和生活态度积极的人相处比较愉快。

此外，面对理想与现实的不足一味地叹气，就无法帮助自己成长。

其实在你叹气的时候，可以做的事情有很多。

虽然现在还不能成为百分百理想中的自己，但是“光是穿上一件明亮色彩的衣服，就比以前的自己进步很多了”。

想一想今天的自己比昨天的自己朝着理想型前进了多少，将注意力放在这个“差值”上，这就是我的建议。

你可以认真地描绘自己的梦想和理想。

具体地设定自己的目标方向。

另一方面，对于“和过去的自己相比，我进步了这么多呢”，也要给予积极的自我认可。

我认为这种积极的态度是非常重要的。

## 法则30　要“善于被人赞美”

### 被人赞美的时候，也要问一问“好在哪里”

当被人赞美的时候，有些人会立即进行自我否定：

“不不不，哪有啊，我完全不行。”

“只是运气好罢了。”

对他们而言，可能是这样想的：

“并不是什么值得称赞的事情。还是谦虚点比较好。”

“对方的话一定不是真心的，只是客套话罢了，不能当真。”

但是，当你说出否定的话之后，对方不会认为你很谦虚，而是可能会想：

“说什么都否认，这个人真麻烦。”

“我本来还觉得你挺好的，这样看来可能真的不怎么样。”

如果您有这种倾向，那么请务必学会“善于被人赞美”。

在被人称赞后，首先不是说“不是”、“没有”、而是应该说“谢谢”。

如果可能的话，我建议您可以具体地问问对方。比如：

对方说：“今天的衣服好漂亮啊。”

此时不妨试着问问：

“谢谢！是颜色好？还是款式好？”

这里的关键也是要给出双向选择题。

这样，对方回答起来也比较容易。

如此一来，你就能意识到“自己的眼光”和“他人的眼光”之间的差别所在。

比如你认为“今天的服装中，名牌的裙子是重点”。

但是别人可能会觉得“开衫的颜色很漂亮”。

这样通过提问，就可以知道对方觉得你好在哪里。

“赞美自己的人就是我的形象顾问。”

如果你这样想，就会真正懂得赞美语言中的含义。

## 法则 31　将失败和挫折当成信息源

### 总有一天会将“障碍”变成“台阶”

回想起来，我也经历过很多失败。

“怎么做成这样了啊。”

“结果太让人遗憾了。”

这样的情况都是有的。

当然我当时也会和所有人一样心情低落，但是，我会很快就调节过来。

失败告诉我：“这个地方你需要加强。”

如果您能这样想，即使现在做不到，但总有一天你会成功做到，请坚信这一点。

还记得我的第一个八十多岁的女性顾客，向我询问自己适合什么品牌一事。

在此之前，我对顾客的提问都是能够对答如流的。

但是这一次，我真的不知道该怎么回答了。

“八十岁的老奶奶适合的品牌是什么呢?”

我抱头苦想。

但是最终，我也没能给出理想的答案，当时非常沮丧。

“那等我考虑好了之后再告诉您。”

虽然这么说了，但是对于自己没能当场给出答案，还是觉得很遗憾。

从那之后我就开始注重加强“年长者的时尚知识”。看看面向老年人的杂志，以及和老年人见面时注意思考和调查。

结果，我发现：

“没有所谓适合八十岁老年人的品牌，只要根据每个人自己的风格来选择品牌就可以了。”

所以，每当发生令人沮丧的事情时，比如：

“唉，还是没有能力啊。别做了！”

当然，这样想是个人自由。

但是，如果你把这件事情看作是提高自己的重要信息源，不灰心，相信总有一天问题会得到解决。

这样，你也可以超越障碍，不断积累成功经验，将挫折化作迈向下一步的成长台阶。

## 将对方的消极言论当作对自己的建议

有时，我们也难免会被对方的消极言论伤害到。

“这种事你都不明白？”

听了这话，我们往往会立即反击，或是感到很难过。

但是，要切记：不能被对方的这种消极模式所引导。

如果我们也回以相同的过激言论，那么将有害无益。

不过，平心而论，作为大多数人来说，也很难在这种情况下仍还对方以笑脸。

因为人往往都会难免陷入消极的情绪，这是没有办法的事情。

但是，这个时候，不妨将这种感受当作是对自己的警戒吧！

“原来‘这种事你都不明白’这句话是这么的伤人啊。以前我也常对家人信口说了这种话，看来以后得注意自己的措辞了。”

把自己遇到的这种冰言冷语，都当作是上天通过这个人的口告知我们的警告和建议，并对此心表感谢。

如果你能够这样想，面对恶言相向，你也能够沉稳平静以对了。

而且，如果您能这样回应，周围的人也会认为您性格沉稳，对您的好感度也会提升。

## 法则 32　做“形象笔记”

### 将受到称赞时的自己记录下来

根据自信程度不同，一个人的外表形象有时会有很大变化。

如果自信心很足，那么即使受到对方不好的对待，

“那个人今天心情不太好吧。”

“应该是发生了什么事吧。”

也不会把事情一个劲地往坏处想。

怎样才能建立起这样的自信心呢?

我建议您做一个“形象笔记”。

所谓“形象笔记”，就是当别人称赞你的外表时，将自己的穿着记录下来。

手掌大小的笔记本就行。

“今天年轻的女同事夸了我领带的颜色。”

“今天穿了灰色套装，被女同事称赞身材曲线很美。”

“今天套装内穿的是浅粉色衬衫，被上司称赞感觉

不错。”

像这样，将受到谁的称赞、称赞的重点是什么，都一一写在笔记里。

在记录的过程中，您的自信心就会不断增加，以后穿着被称赞过的服装，您的心情也会大大变好。

此外，从“我适合什么样的装扮”这样的基本信息出发，也记录下“年长者曾经表示喜欢这样的服装”这种符合“目标”喜好的信息，为自己的外观作冷静的分析，以备后用。

当然，形象笔记里不仅可以写过去的记录，也可以写一些对“未来的理想型”的描述，如：

“下次想挑战的穿着。”

“我认为漂亮的人和她所漂亮的地方。”

最后你会发现，形象笔记会对您用冷静的眼光，去进行自我形象管理，起到很大的帮助。

## 法则33　每月前进一小步的“小改革”

### 首先采纳一点

“我想挑战酷酷而且看上去有些坏坏的形象。”

像这样，虽然一瞬间心血来潮的念头觉得“很好”、“想这样做”，但往往会不了了之。

所以，光是嘴上说“想改变”，但是没有实际行动，就不会发生任何变化。

这个时候，我建议您实行“每月一小步的小改革”。

比如您想装扮成“酷酷坏坏的形象”，那么就把这个月的小改革主题定为“酷酷有些坏坏的”。

不过此时您要注意，不要做得过头。

首先采纳“酷酷坏坏型”装扮中的一点。

将闪闪发光的袖扣装饰在平常穿的衣服上。

购买带有图案的丝绸围巾。

然后和自己现有服装进行一一搭配。

像这样，进行每月一步的“小改革”。

坚持做下去，总有一天，你会成为理想中的自己。

虽然同样是向新事物挑战，您不觉得：这样的“每月一步”更易于实行吗？

## 法则 34　与其默默观察，不如开口去问

### 如果摸不透对方的意图和需求，可直接去问

不开口、默默地观察，这就是日本的文化。

但是，由于工作频繁往来于纽约和东京，我亲身感受了日本文化和美国文化的差异，常常会觉得“默默观察”未必就是一种美德。

在现实中，“开口问”也比“默默观察”给人的好感度要高。

比如想要冲咖啡的时候，会考虑要不要顺便也给上司冲一杯。

“但是上司下午是准备外出的，只要准备自己的咖啡就好了吧。不过，万一上司想在外出之前喝一杯咖啡，而我端着热气腾腾的咖啡出现，是不是不太好啊……”

想必类似这种默默观察、不知如何是好的状况很

常见。

其实这个时候，你只要干脆地问一句："部长，喝杯咖啡怎么样?"就可以了。

这样就会得到部长"哦，谢谢，那就麻烦你了。"或是"谢谢，我现在正要外出，谢谢你的好意"这样的明确回复。

这样一来，无论是哪种回答，都不会有损于上司对您的印象。

然而，尽管这样，还是有很多人觉得开口问是一件很不好意思，或者很麻烦的事情。

这便是"默默观察"不如"开口去问"。

其实通过你这一问，只会提高对方对自己的好感度，而绝对不会降低。

"我想知道对方的状况和需求。"

"我想了解对方的心情。"

虽然你心里这么想，但不能永远在一旁默默观察对方。

说到底，我们都是具备不同思维、感受、经验、信息和行为习惯的个别体。

如果光是自己想象，是很难了解对方的心情、状况和需求的。

“我不明白对方的需求。”

“看不出来他在想什么。”

这个时候，直接去问是最好的方式。

## 法则35　以稍高的姿态来看待自己的内心

### 最终得到对方的好感就可以了

“想受人欢迎，结果由于过于迎合对方，反而使人家不了解自己的内心了。”

我曾经听过这样的反映。

看到这里，读者应该明白，“想要受欢迎”完全没有必要去献媚和讨好对方。

“想让对方的心情好一点。”

“想接受对方。”

“想理解对方。”

其实像这种“能受欢迎就好”的态度，就刚刚好。

如果你因使自己想受欢迎的心情过于强烈，并因此而苦恼：

“请喜欢我！”

“请理解我！”

那么请试着采用下述更高境界的心态：

“为了使对方心情好，我做了精心打扮。”

“因为我体谅你，所以倾听你说话。”

这种稍高一点的境界就是关键！

## 高姿态是受到欢迎的重要因素

不是为了“想受欢迎”、“想被喜欢”而献媚，而是“为了对方去打扮、去倾听”，这种高姿态很重要。

当然，切勿把这样的想法说出来，那会适得其反。

因此，高姿态要摆在心里，而言行一定要谦虚。

这样的平衡感最好。

但是，这种高姿态并不是让你去认为自己很伟大。

它仅是“受人欢迎”方面一个非常重要的因素。

如果你觉得自己的姿态不是很高，那就请稍稍提高一下自己的境界。

## 法则 36　制作“鼓励卡”

### 自信会让你绽放光芒

自信会给你的外观形象带来很大的影响。

如果一个人失去了自信，那么别人也很难被你所吸引。

在此，我介绍一下关于我提高自信心的亲身实践。

这是在我的形象咨询讲座的最后，请学员们做的一件事。

这就是“制作鼓励卡”。

所谓“鼓励卡”，就是将您的理想型风格记录下来的卡片。

经常拿着这个卡片，并用它来进行自我鼓励，给自己打气。

让我们来做一下。

1. 首先准备一张名片大小的白卡片

2. 请看一下图 3 – 2 中的描述词

从中选出三个符合你的理想型的词语。

3. 将选出来的三个描述词像这样写在白卡片上

我（您的名字）是（描述词 1）、（描述词 2）、

（描述词3）的女人（男人）。

重点在于不是“我想成为”，而是“我是”。

比如，符合您的理想型的描述词是“可信赖”、“快乐”和“性感”三个。

即：“我是可信赖、快乐、性感的女人。”

这样写就行了。

4. 随身携带

将卡片放在钱包中随身携带，为了方便随时确认，可以常常拿在手中。

这张鼓励卡会在您因沮丧、苦恼而失去自信的时候，给你勇气，为你加油。

如果您容易失去自信，那么请看一看这张鼓励卡。

一定会帮您重拾信心的。

苦恼的时候，看看这张卡片，烦恼灰飞烟灭。

迷茫的时候，看看这张卡片，答案一目了然。

沮丧的时候，看看这张卡片，心情归于平静。

这张鼓励卡就是有这么神奇的效果。

就像你在接近“理想型”道路上的守护神。

请您一定制作一张，并随身携带！

## 小结

- 比起“做不到的事”，更要善于发现自己“做到的事”，然后表扬自己
- 学会“善于被人赞美”
- 坚持写“形象笔记”，有利于塑造未来的自己
- 具有“最终得到好感就行了”的高姿态
- 随身携带守护神般的“鼓励卡”